思考力算数練習帳シリ〜

## シリーズ8
## 速さと旅人算（整数範囲と小数範囲）

本書の目的…「公式にあてはめて計算する」方法ではなく「速さの意味」から解くことができる様にする。

　速さは「単位時間当たりの進む道のり」という意味で、この意味をそのまま式に直せば計算が出来ます。ところが、多くの子供がこの「単位時間当たりの進む道のり」という意味を考えないで「道のり÷時間=速さ」などの公式にあてはめるだけで問題を解こうとします。速さでのつまづきの原因の多くが「公式の暗記」にたよっていることにあります。本書はこの観点から、速さの意味を踏まえてむりなく計算方法が理解出来るように構成されています。じっくり考えて納得する学習を進められるよう指導してあげて下さい。

本書の特徴
1、「単位時間当たりの進む道のり」という速さの意味から計算方法や単位の換算ができるように工夫されています。
2、整数だけで解ける問題と小数が必要な問題とを区別して出題しています。ですから、計算の習熟度に合わせて問題演習ができます。
3、速さと旅人算について、初めて学習する場合にも、理解不足のお子さんが復習する場合にも利用することができます。
4、自分ひとりで考えて解けるように工夫して作成されています。他の思考力練習帳と同様に、なるべく教え込まなくても学習できるように構成されています。

算数思考力練習帳シリーズについて
　ある問題について、同じ種類・同じレベルの問題をくりかえし練習することによって確かな定着が得られます。
　そこで、中学入試につながる文章題について、同種類・同レベルの問題をくりかえし練習することができる教材を作成しました。

指導上の注意
①　解けない問題・本人が悩んでいる問題については、お母さん（お父さん）が説明してあげてください。その時に、できるだけ具体的な物に例えて説明してあげると良く分かります。（例えば、実際に目の前に鉛筆を並べて数えさせるなど。）

② お母さん（お父さん）はあくまでも補助で、問題を解くのはお子さん本人です。お子さんの達成感を満たすためには、「解き方」から「答え」までのすべてを教えてしまわないで下さい。教えるのはヒントを与える程度にしておき、本人が自力で答えを出すのを待ってあげて下さい。

③ 子供のやる気が低くなってきていると感じたら、無理にさせないで下さい。お子さんが興味を示す別の問題をさせるのも良いでしょう。

④ 丸つけは、その場でしてあげてください。フィードバック（自分のやった行為が正しかったかどうか評価を受けること）は早ければ早いほど本人の学習意欲と定着につながります。

## 本書の目次

| | | |
|---|---|---|
| §1§ | 速さの三用法（整数範囲） | …P.1 |
| §1-1§ | 意味理解 | …P.1 |
| §1-2§ | 練習速さの三用法(整数範囲) | …P.5 |
| §1-3§ | テスト、速さの三用法(整数範囲) | …P.6 |
| §2§ | 速さの換算、個別に単位を変換する方法、整数範囲 | …P.7 |
| §2-1§ | 意味理解 | …P.7 |
| §2-2§ | 練習、速さの換算・整数範囲 | …P.10 |
| §2-3§ | テスト、速さの換算・整数範囲 | …P.11 |
| §3§ | 速さの三用法、（小数範囲） | …P.12 |
| §3-1§ | 意味理解 | …P.12 |
| §3-2§ | 練習、速さの三用法(小数範囲) | …P.15 |
| §3-2§ | テスト、速さの三用法(小数範囲) | …P.17 |
| §4§ | 速さの換算2、個別に単位を変換する方法、小数範囲 | …P.18 |
| §4-1§ | 意味理解 | …P.18 |
| §4-2§ | 練習、（個別単位変換小数範囲） | …P.21 |
| §4-3§ | テスト、（個別単位変換小数範囲） | …P.22 |
| §5§ | 速さの三用法、（単位変換・小数範囲） | …P.23 |
| §5-1§ | 例題と類題その1 | …P.23 |
| §5-2§ | 練習その1、速さの三用法、（単位変換・小数範囲） | …P.26 |
| §5-3§ | テストその1、速さの三用法、（単位変換・小数範囲） | …P.28 |
| §6§ | 旅人算（整数範囲） | …P.29 |
| §6-1§ | その1・例題と類題 | …P.29 |
| §6-2§ | その1・テスト、旅人算（整数範囲） | …P.35 |
| §6-3§ | その2・例題と類題 | …P.36 |
| §6-4§ | その2・テスト、旅人算（整数範囲） | …P.45 |
| §6-5§ | その3・例題と類題 | …P.47 |
| §6-6§ | その3・テスト、旅人算（整数範囲） | …P.55 |

## §1§、速さの三用法
### （整数範囲）
### §1-1§、意味理解

[ ]にはあてはまる数字を
{ }にはあてはまる記号を
(( ))にはあてはまる式を
書き入れなさい。ただし、記号
は、×÷＋－＝のうちどれかです。

1、1分間で10m進む速さでは、
2分間で10×2=20m進みます。
これは、時間が2倍になると進む道のりも2倍になるからです。すると、3分間では3倍になるので、
[ ]×[ ]=[ ]m進むことになります。

2、1時間で5km進む速さでは、
2時間で5×2=10km進む。
すると、4時間では
[ ]×[ ]=[ ]km進む。

3、1秒間で7m進む速さでは、
2秒間で7×2=14m進む。
すると、5秒間では
[ ]×[ ]=[ ]m進む。

4、1分間で6m進む速さのことを分速6mといいます。
この速さで4分間進むと
6{ }4=[ ]m進む。

5、1時間で8km進む速さのことを時速8kmといいます。この速さで4時間進むと
(( ))=[ ]km進む。

6、1秒間で4m進む速さを秒速4mといいます。
この速さで7秒間進むと
((　　　　　))=[　　　]m進む。

7、2分間で40m進む速さは、分速何mの速さになるか考えましょう。分速何mかとは、1分間で何m進むかと同じことです。1分間は2分間の半分ですから、進む道のりも半分になります。40mの半分を計算で求めると、
40÷2=[　　　]m進む。
これは分速[　　　]mの速さです。

8、3時間で15km進む速さだと、1時間では
15÷3=[　　　]km進む。
これは時速[　　　]kmの速さです。

9、2秒間で12m進む速さだと、1秒間では
12÷2=[　　　]m進む。
これは秒速[　　　]mの速さです。

10、5分間で80m進む速さだと、1分間では
80{　}5=[　　　]m進む。これは分速[　　　]mの速さです。

11、7時間で63km進む速さだと、1時間では
[　　]÷[　　　]=[　　　]km進む。
これは時速[　　　]kmの速さです。

12、6秒間で72m進む速さだと、1秒間では
（（　　　　　））=[　]m進む。これは秒速[　]mの速さです。

13、分速50mの速さで100m進むには何分間かかりますか。
<考え方>分速50mとは、1分間で50m進むことですから、100m進むには、100÷50=2の2倍の時間がかかります。1分間の2倍なので2分間かかることがわかります。
　　　　　<答え>[　]分間

14、時速20kmの速さで60km進むには何時間かかりますか。
<考え方>時速20kmとは、1時間で20km進むことですから、60km進むには、

60{　}20=[　]の[　]倍の時間がかかります。1時間の[　]倍なので[　]時間かかることがわかります。
　　　　　<答え>[　]時間

15、秒速2mの速さで10m進むには何秒間かかりますか。
<考え方>秒速2mとは、1秒間で2m進むことですから、10m進むには、
（（　　　　　））=[　]の[　]倍の時間がかかります。1秒間の[　]倍なので[　]秒間かかることがわかります。
　　　　　<答え>[　]秒間

16、分速8mの速さで、48m進むには何分間かかりますか。

<考え方>分速8mとは、1分間で8m進むことですから、48m進むには、

((　　　　　))=[　　]の[　　]倍の時間がかかります。1分間の[　　]倍なので[　　]分間かかることがわかります。

<答え>[　　]分間

17、時速12kmの速さで84km進むには何時間かかりますか。

<考え方>時速12kmとは、1時間で12km進むことですから、84km進むには、

84{　　}12=[　　]の[　　]倍の時間がかかります。1時間の[　　]倍なので[　　]時間かかることがわかります。

<答え>[　　]時間

18、秒速15mの速さで105m進むには何秒間かかりますか。

<考え方>秒速15mとは、1秒間で15m進むことですから、105m進むには、

((　　　　　))=[　　]の[　　]倍の時間がかかります。1秒間の[　　]倍なので[　　]秒間かかることがわかります。

<答え>[　　]秒間

## §1-2§練習
### 速さの三用法(整数範囲)

[　]にあてはまる数を書き入れなさい。

1、秒速3mで5秒間進む道のりは[　]mです。

2、秒速3mで[　]秒間進む道のりは24mです。

3、12秒間で24mの道のりを進む速さは秒速[　]mです。

4、分速[　]mで4分間進む道のりは32mです。

5、分速60mで[　]分間進む道のりは1080mです。

6、分速14mで7分間進む道のりは[　]mです。

7、時速25kmで[　]時間進む道のりは100kmです。

8、時速[　]kmで3時間進む道のりは72kmです。

9、8時間で[　]kmの道のりを進む速さは時速16kmです。

10、秒速[　]mで5秒間進む道のりは105mです。

11、分速40mで[　]分間進む道のりは240mです。

12、8分間で[　]m進む速さは分速40mです。

§1-3§テスト
速さの三用法(整数範囲)
標準時間10分。1問10点。
得点（　　　）/合格点80点
　　年　　月　　日

[　　]にあてはまる数を求めなさい。

1、時速20kmで5時間進む道のりは[　　]kmです。
　　　　答（　　　　）

2、秒速5mで[　　]秒間進む道のりは45mです。
　　　　答（　　　　）

3、[　　]分間で100mの道のりを進む速さは分速50mです。
　　　　答（　　　　）

4、分速[　　]mで8分間進む道のりは160mです。
　　　　答（　　　　）

5、201kmの道のりを時速3kmで進むと[　　]時間かかります。
　　　　答（　　　　）

6、3分間で[　　]m進む速さは分速21mです。
　　　　答（　　　　）

7、秒速4mで8秒間進む道のりは[　　]mです。
　　　　答（　　　　）

8、時速[　　]kmで104km進むのにかかる時間は4時間です。
　　　　答（　　　　）

9、秒速[　　]mで3秒間進む道のりは36mです。
　　　　答（　　　　）

10、分速[　　]mで7分間進む道のりは105mです。
　　　　答（　　　　）

## §2§ 速さの換算
### 個別に単位を変換する方法
### 整数範囲

#### §2-1§ 意味理解

1、分速600mの速さは、
  1分間で[　　　]m進む。
  60分間では[　　　]m進む。
  60分は1時間なので、
  [　]時間で[　　　]m進む。
  1時間で[　　　]km進む。この速さは時速[　　　]km。

2、時速36kmの速さは、
  1時間で[　　　]km進む。
  1時間は60分なので、
  60分間で[　　　]km進む。
  60分間で[　　　]m進む。
  1分間で[　　　]m進む。
  この速さは分速[　　　]m。

3、秒速40mの速さは、
  1秒間で[　　　]m進む。
  60秒間で[　　　]m進む。
  60秒は1分なので、
  1分間で[　　　]m進む。
  この速さは分速[　　　]m。

4、分速360mの速さは、
  1分間で[　　　]m進む。
  1分は60秒なので、
  60秒間で[　　　]m進む。
  1秒で[　　　]m進む。
  この速さは秒速[　　　]m。

5、秒速5mの速さは、
  1秒間で[　　　]m進む。
  3600秒間で[　　　]m進む。
  3600秒は1時間なので、
  1時間で[　　　]m進む。
  1時間で[　　　]km進む。
  この速さは時速[　　　]km。

6、時速72kmの速さは、

1時間で[   ]km進む。
1時間は3600秒なので、
3600秒間で[   ]km進む。
3600秒間で[     ]m進む。
1秒間で[     ]m進む。
この速さは秒速[     ]m。

7、分速250mの速さは、

1分間で[     ]m進む。
60分間では[     ]m進む。
60分は1時間なので、
[   ]時間で[     ]m進む。
1時間で[     ]km進む。この速さは時速[     ]km。

8、時速21kmの速さは、

1時間で[   ]km進む。
1時間は60分なので、
60分間で[   ]km進む。
60分間で[     ]m進む。
1分間で[     ]m進む。
この速さは分速[     ]m。

9、秒速60mの速さは、

1秒間で[     ]m進む。
60秒間で[     ]m進む。
60秒は1分なので、
1分間で[     ]m進む。
この速さは分速[     ]m。

10、分速240mの速さは、

1分間で[     ]m進む。
1分は60秒なので、
60秒間で[     ]m進む。
1秒で[     ]m進む。
この速さは秒速[     ]m。

11、秒速45mの速さは、

1秒間で[     ]m進む。
3600秒間で[     ]m進む。
1時間で[     ]m進む。
1時間で[     ]km進む。
この速さは時速[     ]km。

12、時速54kmの速さは、
　　1時間で[　　　]km進む。
　　1時間は3600秒なので、
　　3600秒間で[　　　]km進む。
　　3600秒間で[　　　]m進む。
　　1秒間で[　　　]m進む。
　　この速さは秒速[　　　]m。

13、分速750mの速さは、
　　1分間で[　　　]m進む。
　　60分間では[　　　]m進む。
　　60分は1時間なので、
　　[　　]時間で[　　　]m進む。
　　1時間で[　　　]km進む。この速さは時速[　　　]km。

14、時速15kmの速さは、
　　1時間で[　　　]km進む。
　　60分間で[　　　]km進む。
　　60分間で[　　　]m進む。
　　1分間で[　　　]m進む。
　　この速さは分速[　　　]m。

15、秒速13mの速さは、
　　1秒間で[　　　]m進む。
　　60秒間で[　　　]m進む。
　　60秒は1分なので、
　　1分間で[　　　]m進む。
　　この速さは分速[　　　]m。

16、分速180mの速さは、
　　1分間で[　　　]m進む。
　　1分は60秒なので、
　　60秒間で[　　　]m進む。
　　1秒で[　　　]m進む。
　　この速さは秒速[　　　]m。

17、秒速30mの速さは、
　　1秒間で[　　　]m進む。
　　3600秒間で[　　　]m進む。
　　3600秒は1時間なので、
　　1時間で[　　　]m進む。
　　1時間で[　　　]km進む。
　　この速さは時速[　　　]km。

18、時速144kmの速さは、

1時間で[　　　]km進む。

1時間は3600秒なので、

3600秒間で[　　　]km進む。

3600秒間で[　　　　]m進む。

1秒間で[　　　　]m進む。

この速さは秒速[　　　]m。

## §2-2§ 練習
### 速さの換算・整数範囲

1、秒速9m=分速[　　　　]m

2、分速650m=時速[　　　　]km

3、秒速15m=時速[　　　　]km

4、分速180m=秒速[　　　　]m

5、時速9km=分速[　　　　]m

6、時速198km=秒速[　　　　]m

7、秒速15m=分速[　　　　]m

8、分速450m=時速[　　　　]km

9、秒速80m=時速[　　　　]km

10、分速840m=秒速[　　　　]m

11、時速39km=分速[　　　　]m

12、時速306km=秒速[　　　　]m

13、秒速95m=時速[　　　　]km

14、分速660m=秒速[　　　　]m

15、時速30km=分速[　　　　]m

## §2-3§テスト
### 速さの換算・整数範囲

標準時間10分。1問10点。

得点（　　　　）/合格点80点

年　　月　　日

5、時速51km=分速[　　　]m

6、時速126km=秒速[　　　]m

1、秒速17m=分速[　　　]m

7、秒速23m=分速[　　　]m

2、分速400m=時速[　　　]km

8、分速250m=時速[　　　]km

3、秒速70m=時速[　　　]km

9、秒速195m=時速[　　　]km

4、分速540m=秒速[　　　]m

10、分速60m=秒速[　　　]m

## §3§、速さの三用法
### （小数範囲）
### §3-1§、意味理解

1、1分間で10m進む速さでは、
   2分間で10×2=20m進む。
   すると、2.5分間では
   [   ]×[   ]=[   ]m進む。
   <筆算>

2、1時間で3.5km進む速さでは、
   2時間で3.5×2=7km進む。
   すると、5時間では
   [   ]×[   ]=[   ]km進む。
   <筆算>

3、1秒間で7m進む速さでは、
   2秒間で7×2=14m進む。
   すると、4.5秒間では
   [   ]×[   ]=[   ]m進む。

4、分速5mの速さとは、1分間で5m
   進むこと。この速さで
   3.2分進むと[   ]m進む。
   <筆算>

5、時速2.6kmの速さとは、
   1時間で2.6km進むこと。
   この速さで
   5時間進むと[   ]km進む。
   <筆算>

6、秒速3.2kmの速さとは、
   1秒間で3.2km進むこと。
   この速さで8秒間進むと
   [   ]km進む。
   <筆算>

(( ))には式を書き入れなさい。

7、5分間で21m進む速さだと、1分間あたりに(( ))=[ ]m進む。これは分速[ ]mの速さです。
<筆算>

8、10時間で5km進む速さだと、1時間あたりに(( ))=[ ]km進む。これは時速[ ]kmの速さです。
<筆算>

9、120秒間で90m進む速さだと、1秒間あたりに(( ))=[ ]m進む。これは秒速[ ]mの速さです。
<筆算>

10、25分間で40m進む速さだと、1分間あたりに(( ))=[ ]m進む。これは分速[ ]mの速さです。
<筆算>

11、20時間で5km進む速さだと、1時間あたりに(( ))=[ ]km進む。これは時速[ ]kmの速さです。
<筆算>

12、3.4秒間で8.5m進む速さだと、1秒間あたりに(( ))=[ ]m進む。これは秒速[ ]mの速さです。
<筆算>

13、分速80mの速さとは、
1分間で80m進むことです。
160mなら、160÷80=2分間かかります。
100m進むには、同じように考えて[　]÷80=[　]分間かかる。
<筆算>

14、時速50kmの速さとは、
1時間で50km進むことです。
100kmなら、100÷50=2時間かかります。70km進むには、同じように考えて((　　))=[　]時間かかる。
<筆算>

15、秒速6.2mの速さとは、
1秒間で6.2m進むことです。
もし1秒間で5m進む速さで10m進む場合なら、10÷5=2秒間かかります。
55.8m進むには、同じように考えて((　　))=[　]秒間かかる。
<筆算>

16、分速15mの速さで、10.5m進むと、
((　　))=[　]分間かかる。
<筆算>

17、時速24kmの速さで、6km進むと、
((　　))=[　]時間かかる。
<筆算>

18、秒速15mの速さで、105m進むと、
((　　))=[　]秒間かかる。
<筆算>

§3-2§、練習

速さの三用法(小数範囲)

1、秒速1.5mで3秒間で進む道のりは[　　]mです。
　<筆算>

2、秒速0.6mで[　　]秒間で進む道のりは10.8mです。
　<筆算>

3、秒速[　　]mで35秒間で進む道のりは21mです。
　<筆算>

4、分速[　　]mで30分間で進む道のりは6mです。
　<筆算>

5、分速45mで[　　]分間で進む道のりは81mです。
　<筆算>

6、分速1.4mで5.5分間で進む道のりは[　　]mです。
　<筆算>

7、時速25kmで[　　]時間で進む道のりは4.5kmです。
　<筆算>

8、時速[　　]kmで5.2時間で進む道のりは18.2kmです。
　<筆算>

9、時速6kmで7.2時間で進む道のりは[　　]kmです。
　<筆算>

10、12.3kmの道のりを0.6時間で進む速さは時速[　　]kmです。
　<筆算>

11、600mの道のりを分速80mで進めば[　　]分間かかる。
　　<筆算>

12、1.5秒間で10.2m進む速さは秒速[　　]mです。
　　<筆算>

13、6mの道を分速[　　]mで進むと12分間かかる。
　　<筆算>

14、4.2kmの道のりを[　　]時間で進む速さは時速10.5kmです。
　　<筆算>

15、[　　]秒間で32.5m進む速さは秒速2.5mです。
　　<筆算>

16、[　　]mの道のりを分速27mで進むと0.9分間かかる。
　　<筆算>

17、[　　]kmの道のりを3.9時間で進む速さは時速3kmです。
　　<筆算>

18、7.5秒間で[　　]m進む速さは秒速3.2mです。
　　<筆算>

§3-2§、テスト
速さの三用法(小数範囲)
標準時間10分。1問10点。
得点(　　　)/合格点80点
　　年　　月　　日

1、分速44mで6.5分間で進む道のりは[　　]mです。
<筆算>

答(　　　　)

2、[　　]秒間で9.1m進むと秒速0.7mです。
<筆算>

答(　　　　)

3、90m進むのに[　　]分間かかるの速さは分速60mです。
<筆算>

答(　　　　)

4、時速[　　]kmで3.4時間で進む道のりは15.3kmです。
<筆算>

答(　　　　)

5、秒速[　　]mで35秒間で進む道のりは14mです。
<筆算>

答(　　　　)

6、秒速8mで9.6秒間で進む道のりは[　　]mです。
<筆算>

答(　　　　)

7、時速30kmで[　　]時間で進む道のりは18kmです。
<筆算>

答(　　　　)

8、分速[　　]mで9.5分間で進む道のりは60.8mです。
<筆算>

答(　　　　)

9、時速7.4kmで5時間で進む道のりは[　　]kmです。
<筆算>

答(　　　　)

10、秒速[　　]mで45秒間で進む道のりは36mです。
<筆算>

答(　　　　)

## §4§、速さの換算2
### 個別に単位を変換する方法
### 小数範囲
### §4-1§、意味理解

1、分速20mの速さは、

　1分間で[　　　]m進む。
　60分間では[　　　]m進む。
　60分は1時間なので、
　[　　]時間で[　　　]m進む。
　1時間で[　　　]km進む。この速さは時速[　　　]km。

2、時速2.4kmの速さは、

　1時間で[　　　]km進む。
　1時間は60分なので、
　60分間で[　　　]km進む。
　60分間で[　　　]m進む。
　1分間で[　　　]m進む。
　この速さは分速[　　　]m。

3、秒速1.5mの速さは、

　1秒間で[　　　]m進む。
　60秒間で[　　　]m進む。
　60秒は1分なので、
　1分間で[　　　]m進む。
　この速さは分速[　　　]m。

4、分速72mの速さは、

　1分間で[　　　]m進む。
　1分は60秒なので、
　60秒間で[　　　]m進む。
　1秒で[　　　]m進む。
　この速さは秒速[　　　]m。

5、秒速2mの速さは、

　1秒間で[　　　]m進む。
　3600秒間で[　　　]m進む。
　3600秒は1時間なので、
　1時間で[　　　]m進む。
　1時間で[　　　]km進む。
　この速さは時速[　　　]km。

6、時速4.5kmの速さは、

　1時間で[　　]km進む。

　1時間は3600秒なので、

　3600秒間で[　　]km進む。

　3600秒間で[　　　]m進む。

　1秒間で[　　　]m進む。

　この速さは秒速[　　　]m。


7、分速1230mの速さは、

　1分間で[　　　]m進む。

　60分間では[　　　]m進む。

　60分は1時間なので、

　[　]時間で[　　　]m進む。

　1時間で[　　　]km進む。この速さは時速[　　　]km。


8、時速4.2kmの速さは、

　1時間で[　　　]km進む。

　60分間で[　　　]km進む。

　60分間で[　　　]m進む。

　1分間で[　　　]m進む。

　この速さは分速[　　　]m。


9、秒速3.5mの速さは、

　1秒間で[　　　]m進む。

　60秒間で[　　　]m進む。

　60秒は1分なので、

　1分間で[　　　]m進む。

　この速さは分速[　　　]m。


10、分速408mの速さは、

　1分間で[　　　]m進む。

　1分は60秒なので、

　60秒間で[　　　]m進む。

　1秒で[　　　]m進む。

　この速さは秒速[　　　]m。


11、秒速1.2mの速さは、

　1秒間で[　　　]m進む。

　3600秒間で[　　　]m進む。

　3600秒は1時間なので、

　1時間で[　　　]m進む。

　1時間で[　　　]km進む。

　この速さは時速[　　　]km。

12、時速34.2kmの速さは、

1時間で[　　　]km進む。

1時間は3600秒なので、

3600秒間で[　　　]km進む。

3600秒間で[　　　]m進む。

1秒間で[　　　]m進む。

この速さは秒速[　　　]m。

13、分速60mの速さは、

1分間で[　　　]m進む。

60分間では[　　　]m進む。

60分は1時間なので、

[　　]時間で[　　　]m進む。

1時間で[　　　]km進む。この速さは時速[　　　]km。

14、時速13.2kmの速さは、

1時間で[　　　]km進む。

60分間で[　　　]km進む。

60分間で[　　　]m進む。

1分間で[　　　]m進む。

この速さは分速[　　　]m。

15、秒速8.5mの速さは、

1秒間で[　　　]m進む。

60秒間で[　　　]m進む。

60秒は1分なので、

1分間で[　　　]m進む。

この速さは分速[　　　]m。

16、分速276mの速さは、

1分間で[　　　]m進む。

1分は60秒なので、

60秒間で[　　　]m進む。

1秒で[　　　]m進む。

この速さは秒速[　　　]m。

17、秒速7.5mの速さは、

1秒間で[　　　]m進む。

3600秒間で[　　　]m進む。

3600秒は1時間なので、

1時間で[　　　]m進む。

1時間で[　　　]km進む。

この速さは時速[　　　]km。

18、時速45kmの速さは、
1時間で[　　]km進む。
1時間は3600秒なので、
3600秒間で[　　]km進む。
3600秒間で[　　　]m進む。
1秒間で[　　]m進む。
この速さは秒速[　　　]m。

## §4-2§、練習
（個別単位変換小数範囲）

1、秒速4.5m＝分速[　　　]m

2、分速85m＝時速[　　　]km

3、秒速9.5m＝時速[　　　]km

4、分速12m＝秒速[　　　]m

5、時速3.3km＝分速[　　　]m

6、時速225km＝秒速[　　　]m

7、秒速0.8m＝分速[　　　]m

8、分速80m＝時速[　　　]km

9、秒速6.5m＝時速[　　　]km

10、分速150m＝秒速[　　　]m

11、時速0.27km＝分速[　　　]m

12、時速5.04km＝秒速[　　　]m

13、秒速20.5m＝時速[　　　]km

14、分速27m＝秒速[　　　]m

15、時速0.9km＝分速[　　　]m

## §4-3§、テスト

（個別単位変換小数範囲）

標準時間10分。1問10点。

得点（　　　　）/合格点80点

　　年　　月　　日

1、秒速5.5m=時速[　　　]km

2、分速75m=時速[　　　]km

3、時速5.7km=分速[　　　]m

4、分速108m=秒速[　　　]m

5、秒速0.15m=時速[　　　]km

6、時速315km=秒速[　　　]m

7、秒速3.2m=分速[　　　]m

8、分速103m=時速[　　　]km

9、秒速1.9m=分速[　　　]m

10、分速213m=秒速[　　　]m

## §5§、速さの三用法
（単位変換・小数範囲）
### §5-1§、例題と類題その1

例題1、1時間30分間で3.6km進む速さでは、分速何mですか。

<考え方>分速何mで答えなければならないので時間については「分」に、距離に関しては「m」に単位をそろえます。

1時間30分は60+30=90分、3.6kmは3600mです。単位を分とmにそろえてから、3600÷90=40…分速40mと計算します。

<式>1時間30分=60分×1+30分
　　　=90分、3.6km=3600m、
　　　3600÷90=40m…分速

<答え>分速40m

類題1-1、1時間20分間で3.2km進む速さでは、分速何mですか。

<解き方>

1時間20分=[　　　]分

3.2km=[　　　　]m

[　　　]÷[　　　　]=[　　　　]

<答え>分速[　　　]m

類題1-2、30分間で900m進む速さでは、時速何kmですか。

<解き方>30分は1時間の半分ですから、0.5時間です。

30分=[　　　]時間

900m=[　　　]km

[　　　]÷[　　　]=[　　　]km

…1時間あたりに進む距離。

　　　<答え>(　　　　　　　)
　　　　　　　単位を正確に

類題1-3、3分30秒間で4.2km進む速さでは、秒速何mですか。

<解き方>

3分30秒間=[　　　　]秒

4.2km=[　　　]m
[　　]÷[　　]=[　　]m…1秒間あたりに進む距離。

<答え>(　　　　　　)

単位を正確に

例題2、2分間で60m進む速さでは、時速何kmですか。
<考え方>分速は求めやすい単位になっています。そこで、まずは分速をだしてから時速に単位を変えます。

分速は60÷2=30m、次に時速に変えます。1時間は60分ですから、分速30mで1時間進むと30×60=1800m進むことになります。1800mは1.8kmなので、分速30は時速1.8kmとなる。
<式>60÷2=30m…分速
30×60=1800m=1.8km

<答え>時速1.8km

類題2-1、5分間で200m進む速さでは、時速何kmですか。
<解き方・式>

<答え>(　　　　　　　)

類題2-2、6秒間で108m進む速さでは、分速何mですか。
<解き方・式>

<答え>(　　　　　　　)

類題2-3、3時間で108km進む速さは、秒速何mですか。
<解き方・式>

<答え>(　　　　　　　)

例題3、時速5.4kmで35秒間進むと何m進みますか。
<考え方>時速を秒速に変えてから距離を計算します。
5.4km=5400m、5400÷3600=1.5m…秒速1.5m。35秒進んだので、
1.5×35=52.5m進んだ。
<式>5.4km=5400m、5400÷3600=1.5m…秒速1.5m。35秒進んだので、
1.5×35=52.5m

<答え>52.5m

類題3-1、時速10.8kmで40秒間進むと何m進みますか。
<解き方・式>

<答え>(　　　　　　　)

類題3-2、秒速6.5mで1.5時間進むと何km進みますか。
<解き方・式>

<答え>(　　　　　　　)

類題3-3、7.5分間を時速12kmの速さで進むと何m進みますか。
<解き方・式>

<答え>(　　　　　　　)

例題4、時速7.2kmで58m進むと何秒間かかりますか。
<考え方>時速を秒速に変えてから距離を計算します。
7.2km=7200m、1時間=3600秒、7200÷3600=2m…秒速2m。58m進むために、
58÷2=29秒かかった。
<式>7.2km=7200m、1時間

=3600秒、7200÷3600=2m…秒速2m。58÷2=29秒間

<答え>29秒間

類題4-1、時速9kmで何秒間進むと87.5m進みますか。
<解き方・式>

<答え>(　　　　　)

類題4-2、分速75mで28.8km進むには何時間かかりますか。
<解き方・式>

<答え>(　　　　　)

類題4-3、何時間を秒速5.5mで進むと69.3km進みますか。
<解き方・式>

<答え>(　　　　　)

§5-2§、練習その1
速さの三用法
（単位変換・小数範囲）

練習1、4.5分間で360m進む速さでは、時速何kmですか。
<解き方・式>

<答え>(　　　　　)

練習2、4分10秒間を時速8.64kmの速さで進むと何m進みますか。
<解き方・式>

<答え>(　　　　　)

練習3、分速210mで6分40秒間進むと何km進みますか。
<解き方・式>

<答え>(　　　　　　)

練習4、2分30秒間で400m進む速さは、時速何kmですか。
<解き方・式>

<答え>(　　　　　　)

練習5、1時間6分40秒間を秒速6.5mで進むと何km進みますか。
<解き方・式>

<答え>(　　　　　　)

練習6、3分間で50.4km進む速さは、秒速何mですか。
<解き方・式>

<答え>(　　　　　　)

練習7、秒速7.5mで3時間20分進むと何km進みますか。
<解き方・式>

<答え>(　　　　　　)

練習8、1時間6分40秒間で9.6km進む速さは、秒速何mですか。
<解き方・式>

<答え>(　　　　　　)

§5-3§、テストその1
速さの三用法
（単位変換・小数範囲）
標準時間10分。1問20点。
得点（　　　）/合格点80点
　　年　　月　　日

1、2.2分間で198m進む速さは、時速何kmですか。
<解き方・式>



<答え>（　　　　　）

2、3分20秒間を時速12.6kmの速さで進むと何m進みますか。
<解き方・式>



<答え>（　　　　　）

3、分速150mで8分20秒間進むと何km進みますか。
<解き方・式>



<答え>（　　　　　）

4、2分40秒間で1200m進む速さは、時速何kmですか。
<解き方・式>



<答え>（　　　　　）

5、9分10秒間を秒速10.4mで進むと何km進みますか。
<解き方・式>



<答え>（　　　　　）

# §6§、旅人算（整数範囲）

## §6-1§ その1・例題と類題

**例題1**、太郎君、次郎君の2人が同じ所から、反対の方向に歩き出しました。太郎君は分速80mで、次郎君は分速60mです。20分後には何mはなれますか。

<考え方>1分間に2人は80+60=140mずつはなれて行く。20分間では、140×20=2800mはなれることになる。

<式>(80+60)×20=2800m

<答>2800m

1-1、花子さん、イチロー君の2人が同じ所から、反対の方向に歩き出しました。花子さんは分速40mで、イチロー君は分速20mです。10分後には何mはなれますか。

<式>

<筆算>

<答>（　　　　　）

1-2、たけし君、ひろし君の2人が同じ所から、反対の方向に歩き出しました。たけし君は分速100mで、ひろし君は分速30mです。30分後には何mはなれますか。

<式>

<筆算>

<答>（　　　　　）

1-3、うめさん、花子さんの2人が同じ所から、反対の方向に歩き出しました。うめさんは分速10mで、花子さんは分速20mです。60分後には何mはなれますか。

<式>

<筆算>

<答>(　　　　　)

例題2、太郎君、次郎君の2人が同じ所から、同じ方向に歩き出しました。太郎君は分速70mで、次郎君は分速50mです。15分後には何mはなれますか。
<考え方>1分間に2人は70-50=20mずつはなれて行く。15分間では、20×15=300mはなれることになる。
<式>(70-50)×15=300m
<答>300m

2-1、夏子さん、冬子さんの2人が同じ所から、同じ方向に歩き出しました。冬子さんは分速65mで、夏子さんは分速45mです。13分後には何mはなれますか。

<式>

<筆算>

<答>(　　　　　)

2-2、兄と弟が家から学校に向かって同時に歩き出しました。8分後には何mはなれますか。ただし、兄は分速64mで弟は分速79mで歩きます。
<式>

<筆算>

<答>(　　　　　)

2-3、Aジェット機とBジェット機が日本からアメリカに向けて出発しました。Aジェット機は時速1000km、Bジェット機は時速

850kmで飛びます。2つのジェット機は出発6時間後には何kmはなれていますか。
<式>



<筆算>



<答>(　　　　　　)

例題3、一朗君は北へ向かって毎時5kmの速さで進み、しんや君は同じ所から南へ向かって毎時4kmの速さで進みます、9時間たつと2人の間の距離は何kmになりますか。
<考え方>2人は1時間で5+4=9kmはなれます。9時間では、9×9=81kmはなれます。
<式>(5+4)×9=81km
<答>81km

3-1、一朗君は西へ向かって毎時3kmの速さで進み、しんや君は同じ所から東へ向かって毎時4kmの速さで進みます、6時間たつと2人の間の距離は何kmになりますか。
<式>



<筆算>



<答>(　　　　　　)

3-2、次郎君は北へ向かって毎時4kmの速さで進み、三郎君は同じ所から南へ向かって毎時7kmの速さで進みます、3時間たつと2人の間の距離は何kmになりますか。
<式>



<筆算>



<答>(　　　　　　)

3-3、四郎君は北へ向かって毎時8kmの速さで進み、五郎君は同じ所から南へ向かって毎時9kmの速さで進みます。6時間たつと2人の間の距離は何kmになりますか。
<式>



<筆算>




<答>(　　　　　　　)

例題4、太郎君、次郎君の2人が同じ所から、同じ方向に歩き出しました。太郎君は分速70mで、次郎君は分速50mです。2人が160mはなれるのは出発何分後ですか。
<考え方>1分間に2人は70-50=20mずつはなれて行く。160mはなれるのは、160÷20=8分後になる。
<式>160÷(70-50)=8分後
<答>8分後

4-1、一郎君、二郎君の2人が同じ所から、同じ方向に歩き出しました。一郎君は分速85mで、二郎君は分速55mです。2人が210mはなれるのは出発何分後ですか。
<式>



<筆算>



<答>(　　　　　　　)

4-2、太郎君、次郎君の2人が同じ所から、同じ方向に走り出しました。太郎君は秒速7mで、次郎君は秒速4mです。2人が45mはなれるのは出発何秒後ですか。<式>

<筆算>

<答>(            )

4-3、姉は分速80m、妹は分速55mで同時に家を出て公園に向いました。姉が公園についたとき、妹は公園まであと150mのところでした。姉は家から公園まで、何分かかりましたか。

<式>

<筆算>

<答>(            )

例題5、太郎君、次郎君の2人が同じ所から、反対の方向に歩き出しました。太郎君は分速80mで、次郎君は分速60mです。2人が980mはなれるのは歩き出してから何分後ですか。

<考え方>1分間に2人は80+60=140mずつはなれて行く。980mはなれるのは980÷140=7分後になる。

<式>980÷(80+60)=7分後

<答>7分後

5-1、むさし君、小次郎君の2人が同じ所から、反対の方向に歩き出しました。むさし君は時速4kmで、小次郎君は時速7kmです。2人が121kmはなれるのは歩き出してから何時間後ですか。

<式>

<筆算>

<答>(            )

5-2、太郎君、次郎君の2人が同じ所から、反対の方向に走り出しました。太郎君は秒速6mで、次郎君は秒速3mです。2人が900mはなれるのは走り出してから何分何秒後ですか。
<式>

<筆算>

<答>(　　　　　)

<筆算>

<答>(　　　　　)

5-3、こうへい君は分速64mで、すぐる君は分速56mです。こうへい君、すぐる君の2人が同じ所から、反対の方向に歩き出しました。2人が1800mはなれるのは歩き出してから何分後ですか。
<式>

§6-2§ その1・テスト

旅人算（整数範囲）

年　月　日　得点(　　)

1問20点/合格80点

1-1、たかし君、さとし君の2人が同じ所から、反対の方向に歩き出しました。たかし君は分速45mで、さとし君は分速35mです。25分後には何mはなれますか。

<式>

<筆算>

<答>(　　　　　　)

1-2、太郎君、次郎君の2人が同じ所から、同じ方向に歩き出しました。太郎君は分速70mで、次郎君は分速50mです。15分後には何mはなれますか。

<式>

<筆算>

<答>(　　　　　　)

1-3、一朗君は東へ向かって毎時7kmの速さで進み、しんや君は同じ所から西へ向かって毎時6kmの速さで進みます。3時間たつと2人の間の距離は何kmになりますか。

<式>

<筆算>

<答>(　　　　　　)

1-4、姉は分速70m、妹は分速64mで同時に家を出て学校に向いました。出発何分後に2人のへだたりは72mになりますか。

<式>

<筆算>

<答>(　　　　　)

1-5、特急列車は秒速45m で、急行列車は秒速35mです。特急列車と急行列車が同じ所から、反対の方向に走り出しました。2つの列車が2720mはなれるのは走り出してから何秒後ですか。

<式>

<筆算>

<答>(　　　　　)

§6-3§ その2・例題と類題

**例題6**、6kmはなれたところから、A君は分速85m、B君は分速65mで向かい合って同時に歩き出しました。A君とB君は出発後何分たったら出会いますか。

<考え方>1分間に2人は85+65=150mずつ近づく。2人で合計6km(6000m)進むと、出会うことになる。だから、6000÷150=40分で2人は出会うことになる。

<式>6000÷(85+65)=40分

<答>40分

6-1、3kmはなれたところから、A君は分速45m、B君は分速55mで向かい合って同時に歩き出しました。A君とB君は出発後何分たったら出会いますか。

<式>

<筆算>

<答>(          )

6-2、2kmはなれたところから、なおと君は分速75m、かずお君は分速50mで向かい合って同時に歩き出しました。なおと君とかずお君は出発後何分たったら出会いますか。

<式>

<筆算>

<答>(          )

6-3、4kmはなれたところから、花子さんは分速85m、太郎君は分速115mで向かい合って同時に歩き出しました。花子さんと太郎君は出発後何分たったら出会いますか。
<式>



<筆算>




<答>(　　　　　　)

例題7、太郎君が分速60mで歩いて学校に出かけました。お母さんは太郎君が出かけてから5分後に太郎君の忘れ物に気づき、すぐに自転車で追いかけました。お母さんは太郎君が出発してから何分後に太郎君に追いつくでしょうか。ただし、自転車の速さは毎分110mとします。
<考え方>お母さんが出発すると き、太郎君は、60×5=300m先に行っています。それを追いかけるお母さんは、1分間に110-60=50mずつ近づく。合計で300m近づけば、追いつく。300÷50＝6分で追いつく。太郎君が出発してからは、5+6=11分たっています。
<式>(60×5)÷(110－60)=6
5+6=11分
<答>11分後

7-1、ひであき君が分速75mで歩いて学校に出かけました。お母さんはひであき君が出かけてから2分後にひであき君の忘れ物に気づき、すぐに自転車にのり分速105mで追いかけました。お母さんはお母さんが出発してから何分後にひであき君に追いつくでしょうか。
<式>

<筆算>

<答>(　　　　　)

7-2、姉と妹が家から公園に向かってマラソンをしました。妹が出発してから7分後に姉が出発して妹を追いかけました。妹が出発してから何分後に、姉は妹に追いつきますか。ただし、姉は分速90m、妹は分速76mで進みます。

<式>

<筆算>

<答>(　　　　　)

7-3、太郎君は、小学6年生の夏、京都の家から東京まで自転車で旅行しました。太郎君が出発してから5時間後に、お父さんが忘れ物に気づきました。お父さんはすぐにバイクで追いかけました。お父さんは太郎君が出発してから何時間後に、太郎君に追いつきましたか。ただし、太郎君は時速18kmで休まずすすみ、バイクの速さは時速48kmで一定とします。

<式>

<筆算>

<答>(　　　　　)

**例題8**、太郎君が分速60mで歩いて学校に出かけました。お母さんは太郎君が出かけてから5分後に太郎君の忘れ物に気づき、すぐに自転車で追いかけました。お母さんは出発してから3分後に太郎君に追いつきました。お母さんの速さは毎分何mでしたか。

<考え方>お母さんが出発するとき、太郎君は、60×5=300m先に行っています。この300mを3分間で追いついたので、1分間あたりには、300÷3=100mずつ近づいたことになります。これは、お母さんの速さが太郎君の歩く速さより1分間あたり100m速かったことを表わしています。ですから、お母さんの速さは60+100=160mで、毎分160mとなります。

<式>(60×5)÷3=100m
60+100=分速160m

<答>分速160m

8-1、ごえもん君が分速65mで歩いて学校に出かけました。お母さんはごえもん君が出かけてから3分後にごえもん君の忘れ物に気づき、すぐに自転車で追いかけました。お母さんは出発してから13分後にごえもん君に追いつきました。お母さんの速さは毎分何mでしたか。

<式>



<筆算>


<答>(            )

8-2、ひろし君が歩いて学校に出かけました。お母さんはひろし君が出かけてから6分後にひろし君の忘れ物に気づきました。すぐにお母さんは自転車で追いかけました。お母さんは出発してから3分後にひろし君に追いつきました。ひろし君の歩く速さは分速40mでした。お母さんの速さは分速何mでしたか。

&lt;式&gt;



&lt;筆算&gt;


&lt;答&gt;(　　　　　　　)

8-3、姉と妹が家から公園に向かってマラソンをしました。妹が出発してから2分後に姉が出発して妹を追いかけました。妹が出発してから10分後に、姉は妹に追いつきました。このとき妹は分速120mで走りました。姉の速さは分速何mでしたか。

&lt;式&gt;



&lt;筆算&gt;



&lt;答&gt;(　　　　　　　)

例題9、分速60mで歩くかおりさんが学校の門を出てから15分後に、としや君が自転車に乗ってかおりさんの速さの6倍でかおりさんを追いかけました。かおりさんが出発してから何分後にとしや君はかおりさんに追いつきますか。

&lt;考え方&gt;としや君の速さは、60×6=360で、分速360mになります。としや君が出発するとき、かおりさんは、60×15=900m先に行っています。それを追いか

けるとしや君は、1分間に360-60=300mずつ近づく。合計で900m近づけば、追いつく。900÷300=3分で追いつく。かおりさんが出発してからは、15+3=18分たっています。
<式>(60×15)÷(60×6-60)=3分、15+3=18分
<答>18分後

9-1、分速50mで歩くかおるさんが学校の門を出てから20分後に、ケンタくんが自転車に乗って、かおるさんの速さの5倍でかおるさんを追いかけました。かおるさんが出発してから何分後にケンタくんはかおるさんに追いつきますか。
<式>



<筆算>


<答>(　　　　)

9-2、分速80mで歩くゆきさんが映画館を出てから5分後に、たけしくんがバイクに乗って、ゆきさんの速さの6倍でゆきさんを追いかけました。ゆきさんが出発してから何分後にたけしくんはゆきさんに追いつきますか。
<式>



<筆算>


<答>(　　　　)

9-3、分速60mで走る花子さんが家を出てから80分後に、かずおくんが自動車に乗って、花子さんの速さの9倍で花子さんを追いかけました。花子さんが出発してから何分後に、かずおくんは花子さんに追いつきますか。
&lt;式&gt;



&lt;筆算&gt;




　　　　　　&lt;答&gt;(　　　　　)

例題10、よしお君の歩く速さは毎時5kmです。あつし君は自転車で進みます。よしお君とあつし君が同じところから反対の方向に進んで4時間後に、2人の間が68kmになりました。あつし君は時速何kmで進みましたか。
&lt;考え方&gt;2人は1時間で68÷4=17kmはなれます。よしお君は1時間で5kmはなれているので、あつし君は17-5=12kmはなれます。ですから、あつし君は1時間で12km進んでいます。
&lt;式&gt;68÷4－5=12
&lt;答&gt;時速12km

10-1、タケシ君の歩く速さは毎時3kmです。あつし君は自転車で進みます。タケシ君とあつし君が同じところから反対の方向に進んで5時間後に、2人の間が75kmになりました。あつし君は時速何kmで進みましたか。
&lt;式&gt;



&lt;筆算&gt;




　　　　　　&lt;答&gt;(　　　　　)

10-2、よしかず君の歩く速さは毎時5kmです。あつし君は走ります。よしかず君とあつし君が同じところから反対の方向に進んで4時間後に、2人の間が72kmになりました。あつし君は時速何kmで進みましたか。

<式>

<筆算>

<答>(　　　　　)

<筆算>

<答>(　　　　　)

10-3、よしてる君の走る速さは毎時11kmです。あつし君は自転車で進みます。よしてる君とあつし君が同じところから反対の方向に進んで4時間後に、2人の間が120kmになりました。あつし君は時速何kmで進みましたあか。

<式>

# §6-4§ その2・テスト 旅人算（整数範囲）

年　月　日　得点(　　)

1問20点/合格80点

2-1、10kmはなれたところから、A君は分速50m、B君は分速150mで向かい合って同時に歩き出しました。A君とB君は出発後何分たったら出会いますか。

<式>

<筆算>

<答>(　　　　　　)

2-2、姉と弟が家から公園に向かってマラソンをしました。弟が出発してから5分後に姉が出発して弟を追いかけました。弟が出発してから、何分後に姉は弟に追いつきますか。ただし、姉は分速87m、弟は分速72mで進みます。

<式>

<筆算>

<答>(　　　　　　)

2-3、たける君は、小学6年生の夏、京都の家から東京まで自転車で旅行しました。たける君が出発してから4時間後に、お父さんが忘れ物に気づきました。お父さんはすぐにバイクで追いかけました。お父さんは出発してから、2時間後にたける君に追いつきました。ただし、たける君は時速15kmで休まず進みました。バイクの速さは時速何kmだったでしょう。

<式>

2-4、分速100mで泳ぐ一朗君が港を出てから15分後に、としやくんが船に乗って、一朗君の速さの6倍で一朗君を追いかけました。一朗君が出発してから何分後に、としやくんは一朗君に追いつきますか。

<式>

<筆算>

<答>(　　　　　)

2-5、よしお君の歩く速さは毎時5kmです。あつお君は自動車で進みます。よしお君とあつお君が同じところから反対の方向に進んで7時間後に、2人の間が189kmになりました。あつお君は時速何kmで進みますか。

<式>

<筆算>

<答>(　　　　　)

§6-5§ その3・例題と類題

例題11、1周3000mの池のまわりを分速80mのたかし君と、分速70mのひろし君が同時に同じ所から反対の方向に進みました。5分後には、2人の間は何mはなれますか。また出会うまでに何分かかりますか。

<考え方>1分間に2人は80＋70=150mずつはなれて行く。5分間では、150×5=750mはなれることになる。また2人で合計3000m進むと池を1周して、出会うことになる。だから、3000÷150=20分で2人は出会うことになる。

<式>(80＋70)×5=750m
3000÷(80＋70)=20分
<答>750m、20分

11-1、1周2000mの池のまわりを分速60mのたかし君と、分速40mのひろし君が同時に同じ所から反対の方向に進みました。3分後には、2人の間は何mはなれますか。また出会うまでに何分かかりますか。

<式>

<筆算>

<答>(　　　　　)

11-2、1周4500mの湖のまわりを分速80mのたかし君と、分速70mの花子さんが同時に同じ所から反対の方向に進みました。10分後には、2人の間は何mはなれますか。また出会うまでに何分かかりますか。

<式>

<筆算>

<答>(                    )

11-3、1周5000mの公園のまわりを分速50mのただし君と、分速75mの正人君が同時に同じ所から反対の方向に進みました。7分後には、2人の間は何mはなれますか。また出会うまでに何分かかりますか。

<式>


<筆算>

<答>(            )

例題12、周囲が500mある池があります。分速101mのごろうくんと分速91mのたろうくんの2人が同じ所から同じ方向に向かって池の周りを歩き出しました。はじめてごろうくんがたろうくんに追いつくのは何分後ですか。

<考え方>ごろうくんが一周おくれのたろうくんに追いつけば、追いつくことになる。1分間に101-91=10mずつ近づく。合計で500m近づけば、追いつく。500÷10=50分で追いつく。

<式>500÷(101-91)=50分後

<答>50分後

12-1、周囲が600mある湖があります。分速132mの次郎くんと分速72mの三郎くんの2人が同じ所から同じ方向に向かって湖の周りを歩き出しました。はじめて次郎くんが三郎くんに追いつくのは何分後ですか。

<式>

<筆算>

<答>(　　　　　　)

12-2、一周が450mあるスケートコースがあります。秒速18mのごろうくんと秒速13mのたろうくんの2人が同じ所から同じ方向に向かってすべり出しました。はじめてごろうくんがたろうくんに追いつくのは何分何秒後ですか。

<式>

<筆算>

<答>(　　　　　　)

12-3、周囲が720mある運動場があります。分速142mのイチローくんと分速130mのシゲオくんの2人が同じ所から同じ方向に向かって運動場の周囲を走り出しました。はじめてイチローくんがシゲオくんに追いつくのは何分後ですか。

<式>

<筆算>

<答>(　　　　　　)

例題13、たつや君は分速60mで、かずや君は分速70mで進みます。たつや君が学校から南に向かって出発してから8分後に、かずや君が同じ学校から北に向かって出発しました。たつや君が出発してから20分後には2人は何mはなれるでしょう。

<考え方>たつや君は20分間進み続けているので、60×20=1200m出発したところよりはなれています。かずや君は、たつや君より8分進んでいる時間が短いので、20-8=12分間しか進んでいません。ですから、かずや君は70×12=840m出発したところよりはなれています。2人合わせて、1200+840=2040mはなれています。

<式>60×20+70×(20-8)=2040

<答>2040m

<別の考え方>初めの8分間はたつや君だけが進んでいるので、60×8=480mはなれます。次の20-8=12分間は2人が進んではなれるので、1分間で60+70=130mずつはなれます。ですから、130×12=1560mはなれます。合わせて、480+1560=2040mはなれます。（式、答は省略）

13-1、えいじ君は分速30mで、たかゆき君は分速50mで進みます。えいじ君が駅から南に向かって出発してから7分後に、たかゆき君が同じ駅から北に向かって出発しました。えいじ君が出発してから15分後には2人は何mはなれるでしょう。

<式>



<筆算>



<答>(　　　　　　)

13-2、たつや君は分速75mで、かずや君は分速45mで進みます。いまたつや君が家から東に向かって出発してから9分後に、かずや君が同じ家から西に向かって出発しました。かずや君が出発してから23分後には2人は何mはなれるでしょう。

<式>

<筆算>

<答>(　　　　　　　)

13-3、花子さんは分速40mで、よういち君は分速80mで進みます。いま花子さんが遊園地から北に向かって出発してから18分後に、よういち君が同じ遊園地から南に向かって出発しました。花子さんが出発してから30分後には2人は何mはなれるでしょう。

<式>

<筆算>

<答>(　　　　　　　)

例題14、64kmはなれた地点からてつや君、ゆかりさんの2人が向かい合って午前10時に同時に出発しました。2人は何時に出会いますか。てつや君、ゆかりさんの時速はそれぞれ5km、3kmです。

<考え方>2人は1時間で合わせて、5+3=8kmずつ近づきます。ですから出発してから、64÷8=8時間後に出会います。午前10時から8時間後は10+8-12=6の午後6時になります。

<式>64÷(5+3)=8時間後

10+8-12=6時

<答>午後6時

14-1、45kmはなれた地点からてつや君、ゆかさんの2人が向かい合って午前10時に同時に出発しました。2人は何時に出会いますか。てつや君、ゆかさんの時速はそれぞれ6km、3kmです。
<式>

<筆算>

<答>(　　　　　　)

14-2、2kmと400mはなれた地点からてつや君、さゆりさんの2人が向かい合って午前11時55分に同時に出発しました。2人は何時何分に出会いますか。てつや君、さゆりさんの速さはそれぞれ分速85mと分速65mです。
<式>

<筆算>

<答>(　　　　　　)

14-3、60kmはなれた地点からゆうた君、ゆかりさんの2人が向かい合って午前7時に同時に出発しました。2人は何時に出会いますか。ゆうた君、ゆかりさんの時速はそれぞれ4km、2kmです。
<式>

<筆算>

<答>(　　　　　　)

例題15、周囲が1510mある池の回りを、分速70mのつよし君が出発して3分後に、同じ所から反対方向に分速60mのてつや君が歩き出しました。この2人はつよし君が出発してから何分後に出会いますか。

<考え方>つよし君は出発してから3分間で、70×3=210m進んでいる。この時に、てつや君との距離は1510-210=1300mはなれている。これから、1分間で70+60=130m近づくので、1300÷130=10分後に出会う。つよし君が出発してからは、3+10=13分後に出会うことになる。

<式>(1510−70×3)÷(70+60)=10分後　10+3=13分後

<答>　13分後

15-1、周囲が1520mある学校の回りを、分速30mのつよし君が出発して4分後に、同じ所から反対方向に分速40mのてつや君が歩き出しました。この2人はつよし君が出発してから何分後に出会いますか。

<式>

<筆算>

<答>(　　　　　)

15-2、周囲が1920mある野球場を、分速45mのつよし君が出発して8分後に、同じ所から反対方向に分速75mのてつや君が歩き出しました。この2人はてつや君が出発してから何分後に出会いますか。
<式>

<筆算>

<答>(　　　　　)

15-3、グランドの周囲が1240mあります。この回りを、分速60mのたろう君が出発して6分後に、同じ所から反対方向に分速50mの花子さんが歩き出しました。この2人はたろう君が出発してから何分後に出会いますか。
<式>

<筆算>

<答>(　　　　　)

§6-6§ その3・テスト
旅人算（整数範囲）
年　月　日　得点（　　）
1問20点/合格80点

*3-1*、1周2700mの野球場のまわりを分速30mのけんじ君と、分速60mの太郎君が同時に同じ所から反対の方向に進みました。5分後には、2人の間は何mはなれますか。また出会うまでに何分かかりますか。
<式>




<筆算>



<答>(　　　　　　)

*3-2*、周囲が810mあるサッカー場があります。分速179mの一郎くんと分速89mのともかずくんの2人が同じ所から同じ方向に向かって歩き出しました。はじめて一郎くんがともかずくんに追いつくのは何分後ですか。<式>




<筆算>



<答>(　　　　　　)

*3-3*、あきお君は分速80mで、ゆりさんは分速60mで進みます。いま、あきお君が学校から北西に向かって出発してから6分後に、ゆりさんが同じ学校から南東に向かって出発しました。ゆりさんが出発してから12分後には2人は何mはなれるでしょう。
<式>

<筆算>

<答>(　　　　　)

3-4、96kmはなれた地点から太郎君、けんた君の2人が向かい合って午前11時に同時に出発しました。2人は何時に出会いますか。太郎君、けんた君の時速はそれぞれ7km、9kmです。
<式>


<筆算>


<答>(　　　　　)

3-5、周囲が1810mある池の回りを、分速65mのさとる君が出発して2分後に、同じ所から反対方向に分速55mのひろし君が歩き出しました。この2人はさとる君が出発してから何分後に出会いますか。
<式>


<筆算>


<答>(　　　　　)

§1§、速さの三用法

*P.1* §1-1§、意味理解

1、[10]×[3]=[30]m

2、[5]×[4]=[20]km

3、[7]×[5]=[35]m

4、6{×}4=[24]m

5、((8×4))=[32]km

6、((4×7))=[28]m

7、40÷2=[20]m、分速[20]m

8、15÷3=[5]km進む、時速[5]km

9、12÷2=[6]m進む、秒速[6]m

10、80{÷}5=[16]m進む、分速[16]m

11、[63]÷[7]=[9]km進む、時速[9]km

12、((72÷6))=[12]m進む、秒速[12]m

13、[2]分間

14、60{÷}20=[3]の[3]倍、[3]倍、[3]時間

15、((10÷2))=[5]、[5]、[5]倍、[5]秒間、<答え>[5]秒間

16、((48÷8))=[6]、[6]倍、[6]倍、[6]分間、<答え>[6]分間

17、84{÷}12=[7]、[7]倍、[7]倍、[7]時間、<答え>[7]時間

18、((105÷15))=[7]、[7]倍、[7]倍、[7]秒間、<答え>[7]秒間

*P.5* §1-2§ 練習

1、[15]

2、[8]

3、[2]

4、[8]

5、[18]

6、[98]

7、[4]

8、[24]

9、[128]

10、[21]

11、[6]

12、[320]

*P.6* §1-3§テスト

1、[100]

2、[9]

3、[2]

4、[20]

5、[67]

6、[63]

7、[32]

8、[26]

9、[12]

10、[15]

§2§速さの換算

*P.7* §2-1§ 意味理解

1、[600]m、[36000]m、[1]時間、[36000]m、[36]km、時速[36]km

2、[36]km、[36]km、[36000]m進、[600]m、分速[600]m

3、[40]m、[2400]m、[2400]m、分速[2400]m

4、[360]m、[360]m、[6]m、秒速[6]m

5、[5]m、[18000]m、[18000]m、[18]km、時速[18]km

6、[72]km、[72]km、[72000]m、[20]m、秒速[20]m

7、[250]m、[15000]m、[1]時間、[15000]m、[15]km、時速[15]km

8、[21]km、[21]km、[21000]m、

[350]m、分速[350]m
9、[60]m、[3600]m、[3600]m、分速[3600]m
10、[240]m、[240]m、[4]m、秒速[4]m
11、[45]m、[162000]m、[162000]m、[162]km、時速[162]km
12、[54]、[54]km、[54000]m、[15]m、秒速[15]m
13、[750]m、[45000]m、[1]時間、[45000]m、[45]km、時速[45]km
14、、[15]km、[15]km、[15000]m、[250]m、分速[250]m
15、[13]m、[780]m、[780]m、分速[780]m
16、[180]m、[180]m、[3]m、秒速[3]m
17、[30]m、[108000]m、[108000]m、[108]km、時速[108]km
18、[144]km、[144]km、[144000]m、[40]m、秒速[40]m

*P.10* §2-2§ 練習
1、秒速9m=分速[540]m
2、分速650m=時速[39]km
3、秒速15m=時速[54]km
4、分速180m=秒速[3]m
5、時速9km=分速[150]m
6、時速198km=秒速[55]m
7、秒速15m=分速[900]m
8、分速450m=時速[27]km
9、秒速80m=時速[288]km
10、分速840m=秒速[14]m
11、時速39km=分速[650]m
12、時速306km=秒速[85]m
13、秒速95m=時速[342]km
14、分速660m=秒速[11]m
15、時速30km=分速[500]m

*P.11* §2-3§ テスト
1、秒速17m=分速[1020]m
2、分速400m=時速[24]km
3、秒速70m=時速[252]km
4、分速540m=秒速[9]m
5、時速51km=分速[850]m
6、時速126km=秒速[35]m
7、秒速23m=分速[1380]m
8、分速250m=時速[15]km
9、秒速195m=時速[702]km
10、分速60m=秒速[1]m

§3§、速さの三用法
*P.12* §3-1§、意味理解
1、[10]×[2.5]=[25]m
2、[3.5]×[5]=[17.5]km
3、[7]×[4.5]=[31.5]m
4、[16]m
5、[13]km
6、[25.6]km
7、((21÷5))=[4.2]m、分速[4.2]m
8、((5÷10))=[0.5]km、時速[0.5]km
9、((90÷120))=[0.75]m、秒速[0.75]m
10、((40÷25))=[1.6]m、分速[1.6]m
11、((5÷20))=[0.25]km、[0.25]km
12、((8.5÷3.4))=[2.5]m、秒速[2.5]m
13、[100]÷80=[1.25]分間
14、((70÷50))=[1.4]時間
15、((55.8÷6.2))=[9]秒間
16、((10.5÷15))=[0.7]分間
17、((6÷24))=[0.25]時間

18、((105÷15))=[7]秒間

*P.15* §3-2§、練習
1、[4.5]m
2、[18]秒間
3、秒速[0.6]m
4、分速[0.2]m
5、[1.8]分間
6、[7.7]m
7、[0.18]時間
8、時速[3.5]km
9、[43.2]km
10、時速[20.5]km
11、[7.5]分間
12、秒速[6.8]m
13、分速[0.5]m
14、[0.4]時間
15、[13]秒間
16、[24.3]m
17、[11.7]km
18、[24]m

*P.17* §3-2§、テスト
1、[286]m
2、[13]秒間
3、[1.5]分間
4、時速[4.5]km
5、秒速[0.4]m
6、[76.8]m
7、[0.6]時間
8、分速[6.4]m
9、[37]kmです。
10、秒速[0.8]m

§4§、速さの換算2
*P.18* §4-1§、意味理解
1、[20]m、[1200]m、[1]時間、[1200]m、[1.2]km、[1.2]km
2、[2.4]km、[2.4]km、[2400]m、[40]m、分速[40]m
3、[1.5]m、[90]m、[90]m、分速[90]m
4、[72]m、[72]m、[1.2]m、秒速[1.2]m
5、[2]m、[7200]m、[7200]m、[7.2]km、時速[7.2]km
6、[4.5]km、[4.5]km、[4500]m、[1.25]m、秒速[1.25]m
7、[1230]m、[73800]m、[1]時間、[73800]m、[73.8]km、時速[73.8]km
8、[4.2]km、[4.2]km、[4200]m、[70]m、分速[70]m
9、[3.5]m、[210]m、[210]m、分速[210]m
10、[408]m、[408]m、[6.8]m、秒速[6.8]m
11、[1.2]m、[4320]m、[4320]m、[4.32]km、時速[4.32]km
12、[34.2]km、[34.2]km、[34200]m、[9.5]m、秒速[9.5]m
13、[60]m、[3600]m、[1]時間、[3600]m、[3.6]km、時速[3.6]km
14、[13.2]km、[13.2]km、[13200]m、[220]m、分速[220]m
15、[8.5]m、[510]m、[510]m、分速[510]m
16、[276]m、[276]m、[4.6]m、秒速[4.6]m
17、[7.5]m、[27000]m、[27000]m、[27]km、時速[27]km
18、[45]km、[45]km、[45000]m、[12.5]m、秒速[12.5]m

*P.21* §4-2§、練習

1、秒速4.5m=分速[270]m

2、分速85m=時速[5.1]km

3、秒速9.5m=時速[34.2]km

4、分速12m=秒速[0.2]m

5、時速3.3km=分速[55]m

6、時速225km=秒速[62.5]m

7、秒速0.8m=分速[48]m

8、分速80m=時速[4.8]km

9、秒速6.5m=時速[23.4]km

10、分速150m=秒速[2.5]m

11、時速0.27km=分速[4.5]m

12、時速5.04km=分速[1.4]m

13、秒速20.5m=時速[73.8]km

14、分速27m=秒速[0.45]m

15、時速0.9km=分速[15]m

*P.22* §4-3§、テスト

1、秒速5.5m=時速[19.8]km

2、分速75m=時速[4.5]km

3、時速5.7km=分速[95]m

4、分速108m=秒速[1.8]m

5、秒速0.15m=時速[0.54]km

6、時速315km=秒速[87.5]m

7、秒速3.2m=分速[192]

8、分速103m=時速[6.18]km

9、秒速1.9m=分速[114]m

10、分速213m=秒速[3.55]m

§5§、速さの三用法

*P.23* §5-1§、例題と類題その1

類題1-1、<解き方>1時間20分=[80]分、3.2km=[3200]m、[3200]÷[80]=[40]m
　　　　　　　　　　<答え>分速[40]m

類題1-2、<解き方>30分=[0.5]時間、900m=[0.9]km、[0.9]÷[0.5]=[1.8]km
　　　　　　　　　　<答え>(時速1.8km)

類題1-3、<解き方>3分30秒間=[210]秒、4.2km=[4200]m、[4200]÷[210]=[20]m
　　　　　　　　　　<答え>(秒速20m)

類題2-1、<式>200÷5=40m…分速
40×60=2400m=2.4km…時速
　　　　　　　　　　<答え>(時速2.4km)

類題2-2、<式>108÷6=18…秒速
18×60=1080m…分速　<答え>(分速1080m)

類題2-3、<解き方・式>108÷3=36…時速
36km=36000m、36000÷3600=10m…秒速
　　　　　　　　　　<答え>(秒速10m)

類題3-1、<式>10.8km=10800m、1時間=3600秒、10800÷3600=3m…秒速3m。3×40=120m　　　　　<答え>120m

類題3-2、<式>6.5×3600=23400m=23.4km、23.4×1.5=35.1km
　　　　　　　　　　<答え>35.1km

類題3-3、<式>12km=12000m、12000÷60=200m…分速、200×7.5=1500m
　　　　　　　　　　<答え>1500m

類題4-1、<式>時速を秒速に直します。
9km=9000m、9000÷3600=2.5、87.5÷2.5=35秒間　　<答え>(35秒間)

類題4-2、<式>分速を時速に変えます。75×60=4500m=4.5km…時速、28.8÷4.5=6.4時間　　　　　　<答え>(6.4時間)

類題4-3、<式>秒速を時速に変換します。
5.5×3600=19800m=19.8km…時速、69.3÷19.8=3.5時間　　<答え>(3.5時間)

*P.26* §5-2§、練習その1

練習1、<式>360÷4.5=80m…分速、80×60=4800m=4.8km…時速
　　　　　　　　　　<答え>(時速4.8km)

練習2、<式>時速を秒速に直します。

8.64km=8640m、8640÷3600=2.4m…秒速、4分10秒間=60×4+10=250秒、2.4×250=600m　　　　　　<答え>(600m)

練習3、<式>分速を秒速に直します。210÷60=3.5m…秒速、6分40秒=60×6+40=400秒、3.5×400=1400m=1.4km
　　　　　　　　　　<答え>(1.4km)

練習4、<式>分速を求めてから時速に変えます。2分30秒=2.5分、400÷2.5=160m…分速、160×60=9600m=9.6km…時速　　<答え>(時速9.6km)

練習5、<式>1時間6分40秒間=3600×1+60×6+40=4000秒、6.5×4000=26000m=26km　　　　　　<答え>(26km)

練習6、<式>3分間=60×3=180秒間、50.4km=50400m、50400÷180=280m…秒速　　　　　　　<答え>(秒速280m)

練習7、<式>秒速を分速に直します。7.5×60=450m…分速、3時間20分=60×3+20=200分、450×200=90000m=90km
　　　　　　　　　<答え>(90km)

練習8、<式>1時間6分40秒間=3600×1+60×6+40=4000秒、9.6km=9600m、9600÷4000=2.4m…秒速　　<答え>(秒速2.4m)

P.28　§5-3§、テストその1
1、<式>分速を求めてから時速に直します。198÷2.2=90m…分速、90×60=5400m=5.4km…時速　　<答え>(時速5.4km)
2、<式>時速を秒速に直してから求めます　12.6km=12600m、12600÷3600=3.5m…秒速、3分20秒間=60×3+20=200秒間、3.5×200=700m　　　　　<答え>(700m)
3、<式>秒速に直してから計算します。150÷60=2.5m…秒速、8分20秒間=60×8+20=500秒間、2.5×500=1250m=1.25km
　　　　　　　　　<答え>(1.25km)
4、<式>秒速を求めてから時速に変えます。2分40秒間=60×2+40=160秒間、1200÷160=7.5m…秒速、7.5×3600=27000m=27km…時速　　　<答え>(時速27km)
5、<式>9分10秒間=60×9+10=550秒間、10.4×550=5720m=5.72km
　　　　　　　　　<答え>(5.72km)

§6§、旅人算（整数範囲）
P.29　§6-1§その1・例題と類題
1-1、<式>(40+20)×10=600m
　　　　　　　　　<答>(600m)
1-2、<式>(100+30)×30=3900m
　　　　　　　　　<答>(3900m)
1-3、<式>(10+20)×60=1800m
　　　　　　　　　<答>(1800m)
2-1、<式>(65-45)×13=260m
　　　　　　　　　<答>(260m)
2-2、<式>(79-64)×8=120m　<答>(120m)
2-3、<式>(1000-850)×6=900km
　　　　　　　　　<答>(900km)
3-1、<式>(3+4)×6=42km　<答>(42km)
3-2、<式>(4+7)×3=33km　<答>(33km)
3-3、<式>(8+9)×6=102km
　　　　　　　　　<答>(102km)
4-1、<式>210÷(85-55)=7分後
　　　　　　　　　<答>(7分後)
4-2、<式>45÷(7-4)=15秒後<答>(15秒後)
4-3、<式>150÷(80-55)=6分後
　　　　　　　　　<答>(6分)
5-1、<式>121÷(7+4)=11時間後
　　　　　　　　　<答>(11時間後)
5-2、<式>900÷(6+3)=100秒後、100÷60=1分…40秒　　<答>(1分40秒後)
5-3、<式>1800÷(64+56)=15分後
　　　　　　　　　<答>(15分後)

P.35　§6-2§その1・テスト
1-1、<式>(45+35)×25=2000m

*1-2*、<式>(70−50)×15=300m
<答>(300m)

*1-3*、<式>(7+6)×3=39km
<答>(39km)

*1-4*、<式>72÷(70−64)=12分後
<答>(12分後)

*1-5*、<式>2720÷(45+35)=34秒後
<答>(34秒後)

*P.37* §6-3§ その2・例題と類題
*6-1*、<式>3km=3000m、3000÷(45+55)=30分後 <答>(30分後)
*6-2*、<式>2km=2000m、2000÷(75+50)=16分 <答>(16分)
*6-3*、<式>4km=4000m、4000÷(85+115)=20分 <答>(20分)
*7-1*、<式>(75×2)÷(105−75)=5分後
<答>(5分後)
*7-2*、<式>(76×7)÷(90−76)=38分、7+38=45分 <答>(45分)
*7-3*、<式>(18×5)÷(48−18)=3時間後、5+3=8時間後
<答>(8時間後)
*8-1*、<式>(65×3)÷13=15m…分速の差、65+15=80m…分速 <答>(分速80m)
*8-2*、<式>(40×6)÷3=80m…分速の差、40+80=120m…分速
<答>(分速120m)
*8-3*、<式>(120×2)÷(10−2)=30m…分速の差、120+30=150m…分速 <答>(分速150m)
*9-1*、<式>(50×20)÷(50×5−50)=5分、20+5=25分 <答>(25分後)
*9-2*、<式>(80×5)÷(80×6−80)=1分、5+1=6分 <答>(6分後)
*9-3*、<式>(60×80)÷(60×9−60)=10分、

80+10=90分 <答>(90分後)
*10-1*、<式>75÷5−3=12<答>(時速12km)
*10-2*、<式>72÷4−5=13km
<答>(時速13km)
*10-3*、<式>120÷4−11=19km
<答>(時速19km)

*P.45* §6-4§ その2・テスト
*2-1*、<式>10km=10000m、
10000÷(50+150)=50分 <答>(50分)
*2-2*、<式>(72×5)÷(87−72)=24分、
5+24=29分 <答>(29分後)
*2-3*、<式>15×4÷2=30km…時速の差、
15+30=45km…バイクの時速
<答>(時速45km)
*2-4*、<式>(100×15)÷(100×6−100)=3分、15+3=18分 <答>(18分)
*2-5*、<式>189÷7−5=22km
<答>(時速22km)

*P.47* §6-5§ その3・例題と類題
*11-1*、<式>(60+40)×3=300m、2000÷(60+40)=20分 <答>(300m、20分)
*11-2*、<式>(80+70)×10=1500m、4500÷(80+70)=30分 <答>(1500m、30分)
*11-3*、<式>(50+75)×7=875m
5000÷(50+75)=40分 <答>(875m、40分)
*12-1*、<式>600÷(132−72)=10分後
<答>(10分後)
*12-2*、<式>450÷(18−13)=90秒後
=1分30秒後 <答>(1分30秒後)
*12-3*、<式>720÷(142−130)=60分後
<答>(60分後)
*13-1*、<式>30×15=450m…えいじ君が進んだ道のり、50×(15−7)=400m…たかゆき君の進んだ道のり、450+400=850m

<答>(850m)

**13-2、** <式>75×(9+23)=2400m…たつや君が進んだ道のり、45×23=1035m…かずや君の進んだ道のり、2400+1035=3435m
<答>(3435m)

**13-3、** <式>40×30=1200m…花子さんが進んだ道のり、80×(30−18)=960m…よういち君の進んだ道のり、1200+960=2160m
<答>(2160m)

**14-1、** <式>45÷(6+3)=5時間後、10+5−12=3時 <答>(午後3時)

**14-2、** <式>2km400m=2400m、2400÷(85+65)=16分後
午前11時55分+16分=午後0時11分
<答>(午後0時11分)

**14-3、** <式>60÷(4+2)=10時間後、7+10−12=5時 <答>(午後5時)

**15-1、** <式>(1520−30×4)÷(30+40)=20分　4+20=24分
<答>(24分後)

**15-2、** <式>(1920−45×8)÷(45+75)=13分 <答>(13分後)

**15-3、** <式>(1240−60×6)÷(60+50)=8分　6+8=14分後 <答>(14分後)

*P.55* §6-6§その3・テスト

**3-1、** <式>(30+60)×5=450m、2700÷(30+60)=30分 <答>(450m、30分)

**3-2、** <式>810÷(179-89)=9分後
<答>(9分後)

**3-3、** <式>80×(6+12)=1440m…あきお君が進む道のり、60×12=720m、1440+720=2160m <答>(2160m)

**3-4、** <式>96÷(7+9)=6時間、11+6-12=5時 <答>(午後5時)

**3-5、** <式>1810-65×2=1680m、1680÷(65+55)=14分後、2+14=16分後
<答>(16分後)

## M.acceess　学びの理念

☆学びたいという気持ちが大切です
　勉強を強制されていると感じているのではなく、心から学びたいと思っていることが、子どもを伸ばします。

☆意味を理解し納得する事が学びです
　たとえば、公式を丸暗記して当てはめて解くのは正しい姿勢ではありません。意味を理解し納得するまで考えることが本当の学習です。

☆学びには生きた経験が必要です
　家の手伝い、スポーツ、友人関係、近所付き合いや学校生活もしっかりできて、「学び」の姿勢は育ちます。
　生きた経験を伴いながら、学びたいという心を持ち、意味を理解、納得する学習をすれば、負担を感じるほどの多くの問題をこなさずとも、子どもたちはそれぞれの目標を達成することができます。

### 発刊のことば

　「生きてゆく」ということは、道のない道を歩いて行くようなものです。「答」のない問題を解くようなものです。今まで人はみんなそれぞれ道のない道を歩き、「答」のない問題を解いてきました。

　子どもたちの未来にも、定まった「答」はありません。もちろん「解き方」や「公式」もありません。私たちの後を継いで世界の明日を支えてゆく彼らにもっとも必要な、そして今、社会でもっとも求められている力は、この「解き方」も「公式」も「答」すらもない問題を解いてゆく力ではないでしょうか。

　人間のはるかに及ばない、素晴らしい速さで計算を行うコンピューターでさえ、「解き方」のない問題を解く力はありません。特にこれからの人間に求められているのは、「解き方」も「公式」も「答」もない問題を解いてゆく力であると、私たちは確信しています。

　M.access の教材が、これからの社会を支え、新しい世界を創造してゆく子どもたちの成長に、少しでも役立つことを願ってやみません。

---

思考力算数練習帳シリーズ８
速さと旅人算　新装版　小数範囲　（内容は旧版と同じものです）

新装版　第１刷
編集者　M.access（エム・アクセス）
発行所　株式会社　認知工学
〒６０４−８１５５　京都市中京区錦小路烏丸西入ル占出山町 308
電話　（０７５）２５６−７７２３　　email：ninchi@sch.jp
郵便振替　０１０８０−９−１９３６２　株式会社認知工学

ISBN978-4-86712-108-5　C-6341　　A08230124K

定価＝ 本体６００円 ＋税